INSTRUCTIC

du 4 Janvier 1906

SUR LES OPÉRATIONS

DU

Dénombrement de la Population

SUIVIE

DU DÉCRET DU 30 DÉCEMBRE 1905

AVIGNON

Imprimerie Eug. Millo, rue Carreterie, 74

—

1906

INSTRUCTION

du 4 Janvier 1906

SUR LES OPÉRATIONS

DU

DÉNOMBREMENT DE LA POPULATION

Notions générales sur le dénombrement.

Le dénombrement a pour objet :

1° De faire connaître la population générale de la France au moyen d'un recensement effectué à *jour fixe* et comprenant toutes les personnes qui, à un titre quelconque, sont présentes dans chaque commune au jour déterminé ;

2° D'assigner à chaque commune sa population propre, qui se compose des habitants *résidents*, avec les distinctions nécessaires pour l'application des lois municipales et d'impôt (population totale, population municipale, population comptée à part, population agglomérée).

Les communes sont déchargées du soin qui leur incombait, dans les recensements précédents, de dresser les tableaux relatifs aux conditions civiles et professionnelles de la population.

Après l'établissement des états relatifs au nombre des habitants, destinés à la détermination par le Gouvernement du chiffre de la population légale, après la confection de la liste nominative des habitants, l'administration communale devra classer les bulletins conformément aux prescriptions ci-après. Ceux-ci seront ensuite transmis par les soins des préfets au Ministère du Commerce, de l'Industrie, des Postes et des Télégraphes.

Le dépouillement devant être effectué par un service central, pour toute la France, les maires devront lui faire parvenir les bulletins exactement remplis conformément aux instructions, et classés soigneusement ainsi qu'il est expliqué ci-après :

Recensement à jour fixe de toutes les personnes présentes dans la commune.

Le recensement s'applique à toute personne présente dans la commune le 4 mars.

Le recensement aura lieu le dimanche 4 mars, au moyen de *bulletins individuels* conformes au modèle n° 1.

Il devra comprendre toutes les personnes qui auront passé la nuit du 3 au 4 mars dans la commune, sans qu'il y ait lieu de distinguer entre celles qui y résident et celles qui n'y résident pas habituellement.

Les voyageurs qui auraient passé la nuit en chemin de fer, en bateau ou en voiture, seront recensés au lieu où ils débarqueront, dans la journée du 4 mars. A cet effet, un agent recenseur devra rester en permanence dans la gare ou sur le lieu de débarquement.

Les militaires, les marins, les détenus, et généralement toutes les personnes qui forment ce qu'on appelle la population *comptée à part* (voir pages 14 et suivantes) seront également compris dans ce recensement.

Il n'y a, en un mot, aucune exception à faire, et un bulletin individuel doit être établi pour toute personne *présente* le 4 mars dans la commune, à quelque titre que ce soit, y compris les enfants en bas âge.

Nomination des agents recenseurs et des contrôleurs.

Pour faciliter l'opération, il sera indispensable de diviser la commune en districts de recensement comprenant **chacun cent habitants** environ, et de désigner, pour chaque district, un agent, **homme** ou **femme**, chargé de distribuer les formules de bulletins et de les vérifier en les reprenant à domicile.

Dans les villes, le nombre des recenseurs pourra être réduit à **un par deux cents habitants.**

On désignera, en outre, au moins un contrôleur par deux mille habitants ou fraction de deux mille habitants.

Les agents recenseurs et contrôleurs seront nommés par un arrêté du maire. Copie leur en sera remise pour constater le caractère officiel de leur mission.

Le premier soin des agents recenseurs ainsi commissionnés sera d'établir sur une formule spéciale dite *carnet de prévision* (modèle n° 5 A) l'état des maisons et ménages dont se compose leur circonscription et, aussi exactement que possible, le nombre des individus compris dans chaque ménage.

Cette première opération, qui devra précéder de quinze jours environ celle du recensement proprement dit, a pour but de faire connaître le nombre de bordereaux de maisons, de feuilles de ménage et de bulletins individuels qu'il y aura lieu de distribuer, ainsi que les renseignements que l'on peut recueillir à l'avance sur la profession. Pour obtenir la liste complète, dans chaque commune, de toutes les maisons, de toutes les usines, en un mot de toutes les propriétés bâties, les municipalités prépareront les carnets de prévision d'après les matrices cadastrales de 1906, déposées aux archives municipales. Il importe qu'aucune maison, habitée ou non, n'échappe au dénombrement.

Carnet de prévision.

Le 2 mars, au plus tard, l'agent recenseur déposera dans chaque maison un nombre de feuilles de ménage (modèle n° 2) et de bulletins individuels (modèle n° 1) quelque peu supérieur aux chiffres portés sur le carnet de prévision. Il déposera dans chaque établissement dont la population est comptée à part (prisons, casernes, collèges, établissements d'instruction, etc.), un bordereau de maison, une feuille récapitulative (modèle n° 3) tenant

Distribution des imprimés.

lieu de feuille de ménage, et des bulletins individuels en nombre suffisant (1).

Reprise
des bulletins
L'agent
recenseur
doit s'assurer
que les bulletins
sont exactement
remplis.

La reprise des bulletins commencera dans la journée du dimanche 4 mars.

L'agent recenseur doit, en interrogeant les intéressés, ajouter les renseignements qui manqueraient sur les bulletins, rectifier ceux qui seraient insuffisants ou inexacts. En cas d'impossibilité de rencontrer un habitant soit dans la journée, soit dans la soirée, les renseignements doivent être recueillis auprès des membres de la famille, des voisins, du concierge ou du propriétaire, s'il habite la maison. On pourra encore réclamer aux habitants les renseignements manquants à l'aide d'une note écrite.

L'agent recenseur s'assurera que les feuilles et bulletins ont bien été remplis pour tous les ménages et pour tous les habitants présents, et que tous les absents ont été mentionnés sur les feuilles de ménage.

En ce qui concerne les questions groupées sous les nᵒˢ 7 et 8 du bulletin individuel, l'agent recenseur s'assurera que les personnes exerçant une profession ont répondu d'une manière précise et explicite (voir la note explicative au dos du bulletin individuel) à la question : *quelle est votre profession ?* et que celles qui n'ont pas de profession ont répondu : *néant*. Il vérifiera avec le plus grand soin si les personnes exerçant une profession ont bien indiqué l'adresse complète (rue, numéro, commune, arrondissement) de l'établissement (2) qu'elles dirigent ou

---

(1) Pour les populations comptées à part (prisonniers, troupes casernées, élèves d'établissements d'instruction, etc.), à l'exclusion des ouvriers étrangers à la commune occupés aux chantiers temporaires de travaux publics, les bulletins individuels seront remplis par les soins des chefs de corps ou d'établissement. Les employés et ouvriers étrangers à la commune et occupés aux chantiers temporaires de travaux publics rempliront eux-mêmes leurs bulletins individuels; ils indiqueront l'adresse de leur patron et le siège de l'entreprise qui les emploie.

(2) On entend par établissement la réunion de plusieurs individus travaillant ensemble, d'une manière permanente, en un lieu déterminé, sous la direction d'un ou de plusieurs représentants d'une même maison sociale. Exemples : la ferme de M. Mancel, la filature de MM. Sojon, Vilane et Cⁱᵉ, le siège de l'entreprise de voitures de la compagnie *la Marcéenne*, le dépôt de la fabrique

qui les occupe; il complétera lui-même l'adresse d'après les informations qu'il aura recueillies.

Il inscrira son nom sur chaque bulletin à la place réservée à cet effet.

L'agent recenseur devra, sur son carnet de prévision, marquer d'un signe toutes les maisons qu'il a visitées, tant pour la remise des bulletins en blanc, le 2 mars, que pour la reprise des mêmes bulletins remplis, le 4 mars, de façon à ce qu'aucune habitation, aucun ménage, aucun habitant n'échappent à sa double tournée.

Pointage sur le carnet de prévision.

La tournée de l'agent recenseur devra commencer dans l'après-midi du dimanche 4, et, si elle n'était pas terminée le lundi, elle continuerait les autres jours de la semaine; tous les bulletins devront être retirés au plus tard le mercredi, à moins de difficultés exceptionnelles; en aucun cas, il ne doit rester de bulletins à retirer après le dimanche 11.

Les bulletins de chaque ménage (1) seront renfermés dans la feuille dite *de ménage* (modèle n° 2).

Feuilles de ménage.

Cette feuille est divisée en trois sections : la première (membres du ménage présents) (2) et la troisième (hôtes de passage) seront remplies à l'aide des bulletins indi-

---

de chaussures Alasier, le dépôt de locomotives de la compagnie du Nord-Est à Tarnier, la fosse n° 3 de la compagnie des mines de Lère, etc.

Un ouvrier travaillant seul à domicile est contrôlé comme constituant un établissement distinct.

Un groupe d'ouvriers envoyé en un lieu déterminé pour un montage, pour la construction ou la réparation d'un immeuble, etc., ne constitue pas un établissement, parce que ce groupe ne travaille en ce lieu que temporairement. L'établissement auquel les ouvriers se rattachent sera le bureau, le dépôt où ils reçoivent leur salaire et où se tient le chef d'établissement.

(1) On entend par ménage la réunion d'individus habitant et vivant ensemble sous la direction d'un même chef. Une famille peut former plusieurs ménages. On doit regarder comme faisant partie du ménage les domestiques et autres personnes qui y sont attachés. — L'individu vivant isolément, dans un logement particulier, forme à lui seul un ménage.

(2) Les membres du ménage présents devront être classés d'après l'ordre hiérarchique de la famille : 1° chef de ménage (père ou mère de famille); 2° la femme; 3° les enfants; 4° les autres parents faisant partie du ménage; 5° les domestiques.

viduels; dans la seconde section, le chef de famille portera les membres qui sont momentanément absents de la commune, bien qu'appartenant à la population résidente (suivant la définition qui sera donnée plus loin). Pour les absents, il ne sera pas établi dans le ménage de bulletins individuels; les bulletins qui les concernent seront, en effet, remplis dans les localités où ils se trouveront comme hôtes de passage le jour du recensement.

Si le chef de famille ne l'a fait très complètement, l'agent recenseur remplira lui-même la feuille de ménage comme les bulletins individuels. Il veillera à ce que cette feuille (1ʳᵉ et 3° sections) comprenne bien tous les noms portés sur les bulletins individuels, que la distinction soit bien faite entre les membres du ménage *résidents* et les personnes accidentellement présentes, telles que les voyageurs, hôtes de passage, etc.

Les bulletins doivent être classés dans l'ordre d'inscriptions sur la feuille de ménage (1).

Bordereau de maison. Toutes les feuilles de ménage d'une même maison seront renfermées dans le *bordereau de maison* (modèle n° 4), que l'agent recenseur établira lui-même.

Les paquets seront ensuite ficelés et remis à la mairie.

Contrôle des opérations. Chaque contrôleur établira une feuille de contrôle (modèle n° 5 B) relatant les négligences imputables à chaque recenseur. Après avoir donné aux recenseurs toutes les explications utiles, le contrôleur surveille l'exécution. Il vérifie chaque jour les carnets de prévision, s'assure qu'aucune maison n'a été omise, que tous les renseignements réclamés par le carnet sont inscrits. Il indique comment doivent être résolues les difficultés qui peuvent se présenter. Dès que les bulletins sont recueillis, il s'assure que ces bulletins ne présentent pas de lacunes, il en contrôle entièrement un certain nombre, il effectue un pointage des bordereaux de maison.

---

(1) Pour les populations comptées à part, la feuille de ménage sera remplacée par un état récapitulatif spécial (modèle n° 3), qui sera établi, comme les bulletins individuels, par les chefs de corps ou d'établissement.

Au besoin il provoque le remplacement de tout agent recenseur reconnu insuffisant.

Dépouillement.

§ 1er. — Opérations des maires.

1° *État récapitulatif sommaire de la population de la commune recensée le 4 mars.*

Le premier résumé que le maire aura à dresser, et qui devra être transmis à la préfecture le 15 mars au plus tard, est l'état récapitulatif sommaire (modèle n° 6). Les bordereaux de maison (qui contiennent les feuilles de ménage et les bulletins individuels) seront classés par quartiers ou sections, et on inscrira dans les colonnes 2, 3 et 4 de l'état récapitulatif le nombre des bordereaux de maisons, des feuilles de ménage et des bulletins individuels, ce qui donnera le nombre de maisons, de ménages et d'individus présents le 4 mars.

Le maire conservera un double de cet état.

1° *Liste nominative des habitants de la commune.*

Le maire dressera ensuite la liste nominative des *habitants* de la commune (modèle n° 8).

Cette liste est le document le plus important pour la commune, puisqu'il sert à l'application des lois municipales et d'impôt.

Elle comprend les *habitants* qui *résident* habituellement dans la commune, qu'ils soient ou non présents au moment du recensement ; mais elle ne comprend ni les personnes qui se trouvent accidentellement présentes au jour du recensement, ni les individus qui font partie des catégories de population comptées à part (militaires, détenus, élèves des établissements d'instruction, etc.), et spécifiées à l'article 2 du décret.

La résidence n'est pas le domicile dans le sens légal de ce mot.

Définition de la résidence.

Elle constitue un fait et non une situation de droit. Ainsi, les mineurs, les interdits, les femmes mariées, etc., ont pour domicile légal celui de leurs parents,

*

tuteur ou mari, lequel peut se trouver ailleurs qu'au lieu de leur propre résidence. On n'a à tenir compte que de celle-ci et on doit porter sur la liste nominative tous ceux — et ceux-là seulement — qui habitent le plus ordinairement dans la commune, même s'ils sont momentanément absents (seconde section de la feuille de ménage).

Individus à inscrire sur la liste nominative. D'une manière générale, il y a lieu d'inscrire sur la feuille nominative les personnes qui, bien qu'ayant plusieurs résidences, passent *la plus grande partie* de l'année dans la commune. Tels sont les ouvriers, qui travaillent au dehors et retournent dans leur pays après des absences périodiques; les personnes qui ont une habitation à la ville et une autre à la campagne. Tous doivent être inscrits, comme résidents absents, là où est leur résidence la plus habituelle et, comme hôtes de passage, dans la commune où ils se trouvent le jour du recensement, alors même qu'ils y auraient une autre résidence.

Mais les enfants placés chez une nourrice, les militaires en activité de service, les élèves *internes* des établissements d'instruction publics et privés, les individus en prison ou placés dans les hospices et asiles d'aliénés ne seront pas portés dans la seconde section de la feuille de ménage établie pour leur famille, ni, par suite, sur la liste nominative de la commune où réside cette famille. Les enfants en nourrice seront inscrits comme présents chez leur nourrice; les militaires en activité de service, les élèves internes des établissements d'instruction, les aliénés, les pensionnaires des hospices, les détenus seront inscrits sur la feuille récapitulative dressée par les soins du chef de corps ou d'établissement. Il n'y a pas de distinction à faire à cet égard entre les prévenus, les accusés et les condamnés, ni entre les élèves des établissements d'instruction, selon que leur famille réside ou non dans la même commune que celle où se trouve l'établissement compté à part.

En résumé, la population à inscrire sur la liste nominative, et qu'on désigne sous le nom de *population municipale* doit comprendre :

1° Les résidents présents dans la commune au moment du recensement.

2° Les habitants qui, quoique absents au moment du recensement, ont leur résidence habituelle dans la commune.

Ce sont, comme on l'a dit plus haut, les individus inscrits dans la première et la seconde section de la feuille de ménage.

Par contre, le maire négligera pour l'établissement de la liste nominative : *Individus qui ne doivent pas figurer sur la liste nominative.*

1° Les personnes portées sur la troisième section de la feuille de ménage sous le titre d'*hôtes de passage* et qui comprennent les voyageurs présents dans les hôtels ou chez des particuliers, les militaires en congé ou en permission, les élèves internes en congé, les individus exerçant des professions ambulantes, les individus mis en arrestation comme vagabonds qui auront passé la nuit dans les dépôts, les marins des canaux et des rivières qui n'ont pas d'autre habitation que leur bateau, etc. ;

2° Les populations comptées à part en exécution de l'article 2 du décret du 30 décembre 1905 et dont il sera parlé plus loin (pages 15 et suivantes).

On a imprimé sur la feuille de tête du modèle n° 8 le sommaire des instructions d'après lesquelles les maires se guideront dans l'exécution matérielle de leur travail. *Comment doit être établie la liste nominative.* Les feuilles intercalaires que la préfecture aura à y faire ajouter seront la reproduction des pages 2, 3 et 4.

Les pages devront être divisées en un nombre fixe de trente cases, de telle sorte que, trente noms étant compris dans chaque page, il suffise de compter le nombre des pages pour constater le nombre des individus formant la population résidente de chaque commune. En même temps, cet espacement régulier permettra de calculer à l'avance la quantité de cadres que la préfecture devra faire imprimer et mettre à la disposition de chaque commune.

Chacune des listes nominatives de la population des communes doit être dressée en double expédition : l'une sera transmise à la préfecture, l'autre restera déposée aux archives communales.

Le premier exemplaire de la liste nominative doit être établi avant le 1ᵉʳ avril.

Répartition de la population par quartiers, sections, villages et ménages. La liste nominative est destinée, non seulement à donner les noms et le nombre des habitants de toute la commune, mais encore à faire connaître la répartition de la population par quartiers ou sections, villages, hameaux, maisons et ménages. Il importe que cette répartition soit établie avec le plus grand soin, les renseignements qu'elle fournit étant indispensables pour la solution de diverses questions administratives.

Un cadre spécial, imprimé sur la dernière feuille de la liste nominative, est destiné à indiquer cette répartition (Tableau A).

Distinction entre la population éparse et la population agglomérée. Le même cadre indique la répartition de la population en population *agglomérée* et population *éparse* ; cette distinction a, elle aussi, une grande importance pour l'application de certaines lois et donne lieu, après chaque recensement, à de nombreuses demandes en rectification.

Ces réclamations se produisent notamment quand on a perdu de vue les instructions sur le dénombrement, d'après lesquelles, lorsqu'une commune est composée de plusieurs agglomérations, la population *agglomérée* doit être entendue exclusivement de la population du *chef-lieu* légal, alors même que celui-ci ne constituerait pas l'agglomération la plus importante de la commune. Ainsi les rues, quartiers et sections du chef-lieu doivent être seuls portés dans la première partie du cadre récapitulatif A, et l'addition de ces totaux partiels donne le chiffre de la population agglomérée proprement dite.

Toutefois la loi du 19 juillet 1889 sur l'instruction primaire ayant attribué aux maîtres des écoles de section l'indemnité de résidence fixée par l'article 12 pour les communes dont la population agglomérée atteint ou dépasse mille habitants, il est nécessaire d'indiquer le chiffre de la population agglomérée de chaque section de commune, lors même que le chef-lieu n'y est pas situé.

A cet effet, dans la deuxième section du cadre A de la liste nominative, où sont portés les sections, villages, hameaux, fermes et habitations situés en dehors de l'agglomération du chef-lieu, on indiquera avec soin les sections qui forment une agglomération distincte, en inscrivant au-dessous du chiffre de la 4ᵉ colonne (individus) les mots *population agglomérée*. Si une partie seulement de la section est agglomérée, on établira en face du nom de cette section une accolade, en regard de laquelle seront portées deux lignes, la première indiquant le chiffre de la population agglomérée et la seconde, celui de la population éparse de la section.

On additionnera néanmoins la population entière des sections non chefs-lieux, où se trouve une agglomération avec les villages, hameaux, fermes et habitations situés en dehors du chef-lieu de la commune. Le total ainsi obtenu donnera la population dite *éparse* de la commune, par opposition avec la population agglomérée au chef-lieu. Le total des deux sections du tableau A représentera la population municipale de la commune résultant des inscriptions individuelles sur la liste nominative.

Suivant la définition donnée par le M. le Ministre des finances, et rappelée dans une circulaire de la Direction générale des contributions indirectes du 18 mars 1891, on doit considérer comme agglomérée la population rassemblée dans les maisons contiguës ou réunies entre elles par des parcs, jardins, vergers, chantiers, ateliers ou autres enclos de ce genre, lors même que ces habitations ou enclos seraient séparés l'un de l'autre par une rue, un fossé, un ruisseau, une rivière ou une promenade. On doit aussi, et quelle que soit la distance qui, dans les villes de guerre surtout, sépare les faubourgs de la cité proprement dite, considérer comme faisant partie de l'agglomération la population de ces faubourgs, formellement assujettie au droit d'entrée par l'article 21 de la loi du 28 avril 1816.

Définition de la population agglomérée.

L'agglomération doit, en général, être appréciée d'après l'état des lieux ; elle existe toutes les fois qu'il peut y avoir continuité de communication et qu'on peut aller d'une habitation à une autre, même en franchissant les clôtures qui séparent ou limitent les propriétés.

Ces communications, sinon réelles, du moins possibles, à travers des enclos fermés de murs ou de haies, sont suffisantes pour constituer l'agglomération ; mais celle-ci est interrompue par des terrains non clos, vagues ou en culture.

Droit de contrôle des administrations financières. En cas de doute, il sera bon que les municipalités se concertent avec les préposés des Administrations financières ; l'article 22 de la loi de finances du 28 avril 1816 confère, en effet, à l'Administration des contributions indirectes le droit de provoquer un nouveau dénombrement, s'il y a lieu de penser que le travail des agents municipaux ait été inexact, et l'article 4 de la loi de finances du 4 août 1844 donne le même droit au conseil général du département et à l'Administration des contributions directes, s'il s'élève des difficultés relativement à la catégorie dans laquelle une commune doit être rangée soit pour la fixation du contingent dans la contribution des portes et fenêtres, soit pour l'application du tarif des patentes.

Les préposés des Contributions directes et indirectes devront donc être, dans une certaine mesure, associés aux travaux préparatoires du recensement. Il y a, en effet, tout avantage pour la commune à ce que ces agents puissent se rendre compte, au cours même des opérations, de la régularité des procédés employés. Les municipalités devront, en conséquence, déférer aux demandes de renseignements et de communication de pièces qui leur seraient adressées par les préposés des régies financières.

Population comptée à part. La liste nominative, établie dans les conditions indiquées plus haut, donne la population normale ou *municipale* de la commune, celle qui sert de base à l'application des lois municipales et d'impôt.

Si la commune ne comprend aucune des catégories spéciales d'habitants énoncées à l'article 2 du décret du 30 décembre 1905 (établissements pénitentiaires, hospitaliers ou d'instruction, communautés, corps de troupe, etc.), la liste nominative peut être définitivement close.

Si, au contraire, il existe dans la commune une ou plusieurs des catégories de population spécifiées au décret, le maire devra faire, à la suite de la liste nominative, la récapitulation (cadre B) des états (modèle n° 3) qui lui auront été remis (avec les bulletins individuels concernant cette population spéciale) par les chefs de corps ou d'établissement.

Aux termes de l'article 2 du décret du 20 janvier 1901, les catégories de population qui ne comptent pas pour l'application des lois municipales ou des lois d'impôts sont les suivantes : *Énumération des catégories de population comptées à part.*

Militaires et marins des corps de troupe de terre et de mer, logés dans les casernes et quartiers;

Détenus dans les :

Maisons centrales de force et de correction;

Maisons d'éducation correctionnelle et colonies agricoles ;

Maisons d'arrêt, de justice et de correction;

Individus recueillis dans les :

Dépôts de mendicité;

Asiles d'aliénés;

Hospices;

Elèves internes des :

Lycées, collèges communaux et écoles normales primaires;

Ecoles spéciales ;

Séminaires ;

Maisons d'éducation et écoles avec pensionnat;

Membres des communautés religieuses, à l'exception de ceux qui sont détachés au service des hospices ou des écoles;

Ouvriers étrangers à la commune occupés aux chantiers temporaires de travaux publics.

Toutefois, il faut éviter avec grand soin de confondre

dans ce recensement spécial un certain nombre d'individus qui, bien que se rattachant aux catégories désignées ci-dessus, appartiennent néanmoins aux éléments ordinaires de la population municipale.

Ainsi on devra comprendre sur la liste nominative des habitants :

Les officiers et sous-officiers, qui ne sont pas logés avec la troupe dans les quartiers et casernes, et les employés militaires attachés aux états-majors, aux places, aux directions, aux écoles et aux hôpitaux militaires;

(On fera, selon le cas, une distinction semblable à l'égard des officiers, sous-officiers et employés de la marine.)

Les gendarmes et les préposés des douanes;

Le personnel fixe des établissements désignés dans l'article 2 du décret du 30 décembre 1905, tel que directeurs, économes, surveillants, professeurs, employés, gardiens, concierges et gens de service;

Les membres des congrégations religieuses détachés d'une manière permanente au service des écoles ou des hospices, publics ou privés, dans la commune;

Les malades des *hôpitaux* (1), dans la commune où ils ont conservé leur domicile;

---

(1) Il ne faut pas confondre les malades des *hôpitaux*, qui ne passent, en général, que peu de temps dans ces établissements, avec les pensionnaires des *hospices*, qui y font pour la plupart un séjour permanent. Les premiers sont recensés dans l'établissement comme *hôtes de passage* et portés comme résidents absents dans la commune où ils demeurent habituellement; les seconds seuls figurent dans la population comptée à part, aux termes de l'article 2 du décret du 30 décembre 1905, et ne sont inscrits sur la liste nominative d'*aucune* commune.

Pour les hôpitaux-hospices, qui reçoivent les personnes appartenant à ces deux catégories, il y a lieu de faire la distinction prévue par les instructions qui précèdent, pour chacune de ces catégories.

Les hôpitaux *militaires* sont assimilés aux corps de troupe, et les militaires qui y sont traités ou qui sont soignés dans les salles militaires des hôpitaux civils, sont recensés dans la population comptée à part.

Les élèves *externes* des établissements d'instruction publics et privés, dans la commune où résident leurs parents ou tuteurs.

Les marins au service de l'État sont recensés comme corps de troupe. S'ils sont casernés à terre ou embarqués sur des bâtiments présents le 4 mars dans un port français, ils seront rattachés à la population comptée à part de la ville où sont situés la caserne ou le port.

Marins.

Quant aux marins en cours de navigation, les autorités municipales n'ont pas à s'en occuper ; ils feront l'objet d'un recensement spécial effectué par les soins de M. le ministre de la Marine.

En ce qui concerne les marins du commerce, il faut distinguer ceux qui se livrent à la pêche ou au cabotage de ceux qui naviguent au long cours.

Les premiers (grand et petit cabotage, pêche) seront inscrits sur la liste nominative des communes où ils ont leur résidence, qu'ils y soient ou non présents le 4 mars.

Les autres (voyage au long cours) seront compris dans la population comptée à part du port français où ils se trouveront le même jour.

S'ils sont en cours de navigation, ils sont assimilés aux marins de l'État et recensés comme eux par les soins du ministère de la Marine.

Ainsi qu'il a été dit plus haut (page 6), des bulletins individuels seront établis pour tous les individus compris dans les catégories de population comptées à part, comme pour toutes les autres personnes *présentes* dans la commune le 4 mars, mais le soin de remplir ces bulletins appartiendra aux chefs de corps ou d'établissements. Il en sera de même pour les feuilles récapitulatives (modèle n° 3), qui remplaceront, en ce cas, les feuilles de ménage.

Les bulletins individuels et les états nominatifs relatifs aux populations comptées à part seront établis par les chefs de corps ou d'établissements

Le maire n'aura donc qu'à remettre, quelques jours avant le 4 mars, un nombre suffisant de formules aux chefs de corps ou d'établissements.

Des instructions spéciales seront données à cet effet, par les ministres aux diverses autorités dont le concours est nécessaire.

3°. Mise en paquets des bordereaux de maison et des feuilles de ménage.

Après vérification que les bordereaux de maison, les feuilles de ménage et les bulletins individuels sont bien remplis, après établissement de la liste nominative, les bordereaux de maison, contenant les feuilles de ménage correspondantes, seront mis en paquets dans l'ordre où les maisons ont été inscrites sur la liste nominative. Si le nombre des bordereaux dépasse 100, on les groupera par paquets de 100 bordereaux, plus un dernier pouvant contenir un nombre inférieur ; chaque paquet sera ficelé et entouré d'une *bande en papier fort*, scellée au cachet de la mairie et portant les inscriptions suivantes :

```
�▦ Bordereaux de maison.    ▦ Feuilles de ménage.

Commune d_____ Arrondissement d_____
Département d_____
                                        Paquet n° ▦
Maison n° _____ à maison n° _____
        (N°ˢ d'ordre de la liste nominative.)
Rue _____ à rue _____
```

4° Classement et mise en paquets des bulletins individuels.

On procédera au *classement* et à la mise en paquets des bulletins individuels dans les conditions suivantes :

On formera 4 groupes distincts de bulletins professionnels ;

A. — Les bulletins des individus sans profession ;

B. — Les bulletins de la population comptée à part (sauf les ouvriers occupés aux chantiers de travaux publics, dont les bulletins seront réunis au groupe D) ;

C. — Les bulletins des individus ayant une profession, mais actuellement en chômage ;

D. — Les bulletins des individus exerçant actuellement une profession.

A. *Individus sans profession*. — Ces bulletins seront classés par sexe et mis en paquets. Dans les communes dont la population le comporte, chaque paquet renfermant mille bulletins : il sera ficelé et entouré d'une bande en papier, scellée au cachet de la mairie et portant les incriptions suivantes :

Bulletins de personnes sans profession. Sexe _____

Commune d _____ Arrondissement d _____

Département d _____   Paquet n° ▓▓▓▓▓

Rue _____ n° ____ à rue _____ n° ____

ou lettre _____ à lettre _____

Le dernier paquet contiendra les bulletins qui forment la fraction inférieure à mille. On inscrira le nombre sur la bande.

Ainsi, s'il y a 11,725 bulletins de personnes sans profession, il se répartiront en 11 paquets de mille et un paquet de 725 bulletins.

Dans les communes qui n'auront pas 1,000 bulletins de personnes sans profession, il ne sera fait qu'un seul paquet.

B. *Bulletins de la population comptée à part*. — En dehors des ouvriers occupés aux chantiers temporaires de travaux publics, dont les bulletins professionnels doivent être reportés dans le groupe D, **les bulletins de la population comptée à part seront conservés dans les feuilles récapitulatives** (modèle n° 3).

Ces feuilles, bulletins inclus, seront mises en paquets ficelés, avec bande n° 1, identique à celle employée pour les bulletins de ménage.

On formera des paquets séparés pour chaque catégorie de population comptée à part et l'on inscrira sur la bande de chaque paquet, non seulement le nombre des feuilles récapitulatives, mais encore le nombre des bulletins individuels contenus.

C. *Bulletins des individus en chômage.* — Ces bulletins seront classés par sexe et réunis en paquets ficelés de mille au plus, avec bande conforme à celle décrite au paragraphe A, en remplaçant les mots : *bulletins de personnes sans profession* par *bulletins de personnes en chômage.*

D. *Bulletins des individus exerçant une profession.* — Ces bulletins seront classés suivant le domicile de travail.

Voici comment il semble préférable d'opérer :

1° Former deux groupes des bulletins.

d) Ceux des individus qui appartiennent à un établissement situé sur le territoire d'une autre commune que celle où leurs bulletins ont été remplis ;

e) Ceux des individus qui appartiennent à un établissement situé sur le territoire de la commune où leurs bulletins ont été remplis.

Par exemple le maire de X..., fera dans le paquet de bulletins recueillis sur son territoire un groupe des bulletins des individus qui ont indiqué sur leur bulletin X..., comme domicile de travail, et un groupe des bulletins des individus qui ont indiqué une autre commune, voisine ou non, pour ce domicile spécial.

2° Le maire répartira les bulletins du groupe *d*) suivant la commune domicile de travail.

Il fera, pour être remis contre reçu, ainsi qu'il sera expliqué ci-après, à chacune des communes limitrophes (1), des paquets des bulletins les concernant.

_____

(1) Toutefois, les bulletins de personnes travaillant à l'étranger doivent être transmis à la Préfecture, quand bien même la commune lieu de travail serait limitrophe de la commune de recensement.

Ces paquets devront être ficelés et recouverts d'une bande cachetée portant l'inscription suivante :

Bulletins de personnes travaillant dans une commune limitrophe.

Commune ayant recueilli les bull^{ns} _____ Arrond^t d_____

Commune domicile de travail _____ Arrond^t d _____

Les bulletins indiquant un domicile de travail situé dans des communes plus éloignées seront classés dans l'ordre alphabétique des communes et réunis par paquets de mille au plus dans la forme décrite plus haut, pour être envoyés à la Préfecture. Un paquet pourra contenir les bulletins de plusieurs communes classés dans l'ordre alphabétique de ces communes. La bande de chaque paquet portera l'inscription suivante :

Bull^{ns} de pers^{nes} exerç^t une profⁿ Paquet n°
dans d'autres communes non limitrophes.

Comm^{ne} ayant recueilli les bull^{ns} _____ Arrond^t d _____

communes / _____ Arr^t d _____ Dép^t d_____
domiciles \ _____ — _____ — _____
de (_____ — _____ — _____
travail \ _____ — _____ — _____

3° En ce qui concerne les bulletins du groupe e, relatifs à des établissements situés dans la commune même, l'opération est également très simple et analogue à celle qui est faite journellement dans les bureaux de poste pour classer les lettres par destination.

Dans les localités peu importantes, où l'on ne fait pas un usage général du nom des rues et des numéros pour déterminer les' adresses, les bulletins, d'ailleurs peu . nombreux, seront classés en suivant l'ordre alphabétique des noms d'établissements; pour les ouvriers travaillant pour leur compte à leur domicile, leur propre nom est le nom de l'établissement.

Dans les villes où il est fait usage du nom des rues et des numéros, il sera plus simple, pour classer des bulletins qui peuvent être en très grand nombre, de faire deux ou trois opérations successives : 1° répartir les bulletins en autant de groupes qu'il y a de rues, en classant les rues suivant l'ordre alphabétique de leur nom ; 2° pour chaque rue, classer les bulletins par numéro de maison ; 3° pour chaque maison, classer les établissements, s'il y en a plusieurs, dans l'ordre alphabétique de leur nom.

Enfin les bulletins d'un même établissement (1), groupés ensemble par l'un ou l'autre des procédés qui viennent d'être décrits, doivent être rangés dans l'ordre suivant :

En tête, le ou les chefs d'établissement, c'est-à-dire, les bulletins des individus qui ont répondu dans la partie gauche du bulletin professionnel ;

A la suite, les employés et ouvriers qui ont répondu dans la partie droite du bulletin.

Enfin les domestiques attachés à la personne.

4° Les bulletins étant ainsi placés dans leur ordre définitif, on intercalera à leur place les bulletins provenant d'autres communes.

Il sera commode de placer dans une chemise l'ensemble des bulletins relevant d'un même établissement.

5° On formera enfin, avec l'ensemble des bulletins classés et en respectant leur ordre, des paquets de mille bulletins. Chaque paquet ficelé sera constitué comme il est dit à l'article A (p. 20), et la bande portera la suscription suivante :

---

(1) Le nombre de personnes que ce chef d'établissement déclare occuper doit être approximativement égal au nombre de bulletins d'employés et d'ouvriers qui ont déclaré être attachés à l'établissement; s'il y a désaccord, une vérification s'impose.

Bulletins de personnes exerçant une profession.

Commune d_____   Arrondissement d_____

Département d_____

Paquet n°_____

Rue _____ n° ____ à rue _____ n° ____

(ou lettre _____ à lettre _____)

Les opérations seront inscrites au fur et à mesure sur un état spécial (modèle n° 11 A).

Les bulletins relatifs aux établissements d'une com- *Expédition aux communes limitrophes.*
-mune limitrophe seront portés à la mairie de celle-ci, avec un bordereau, dont une partie, formant reçu, et signée en double par le maire de la commune destina- taire, sera rapportée à la commune expéditrice (modèle n° 11 B).

Les envois de bulletins aux communes voisines devront être effectués avant le 5 avril.

Les 5 groupes de bulletins professionnels suivants : *Expédition à la Préfecture*

A) Bulletins de personnes sans profession,

B) Bulletins de la population comptée à part,

C) Bulletins de personnes en chômage,

D) Bulletins de personnes attachées à des établisse- ments situés dans des communes non limitrophes,

E) Bulletins de personnes exerçant une profession dans des établissements situés sur le territoire de la commune,

devront être transmis à la Préfecture avant le 1er mai.

On joindra à l'envoi, ainsi qu'il a été dit plus haut, les bordereaux de maison et les feuilles de ménage.

On y ajoutera également :

Les carnets de prévision des recenseurs (modèle n° 5 A);

Les feuilles de contrôle (modèle n° 5 B);

Les états d'opérations (modèle n° 11 A);

Les memoranda et reçus (modèle n° 11 B);

Et le bordereau modèle n° 12 A.

Les municipalités devront apporter le plus grand soin au classement des bulletins d'après le domicile de travail, à leur comptage et aux échanges de bulletins entre communes, de manière à éviter toute perte de bulletins ou toute fausse attribution.

II. — Opérations du préfet.

1° — États à fournir au ministère de l'Intérieur.

Résumé numérique à transmettre le 1er avril. Lorsque le préfet aura reçu les états modèle n° 6 que les maires doivent lui envoyer au plus tard le 15 mars il préparera un état récapitulatif sommaire dans la forme du modèle n° 7.

Cet état devra être dressé par arrondissement et canton; la population des villes divisées en plusieurs cantons sera fractionnée entre les divers cantons, mais il y aura lieu d'indiquer l'ensemble de la population de la ville dans la colonne : *Observations*.

Cet état récapitulatif devra être transmis au ministère de l'Intérieur le 1er avril au plus tard.

Tableau de la population du département. (Mod. n° 9). Dès que les listes nominatives des habitants de chaque commune (modèle n° 8) seront parvenues dans les bureaux de la préfecture, elles y seront contrôlées avec soin. Lorsqu'elles auront été reconnues exactes ou qu'elles auront été rectifiées, le préfet en fera consigner les résultats sur un tableau (modèle n° 9), qui sera établi en minute et en double expédition.

En faisant inscrire, à l'avance, dans la colonne 3, le nom de toutes les communes du département et, dans la colonne 11, les chiffres de population donnés par le dénombrement de 1896, on gagnera beaucoup de temps, puisqu'il suffira de reporter les totaux de chaque commune, au fur et à mesure que les listes nominatives arriveront à la préfecture et seront contrôlées. Le travail serait, au contraire, fort retardé, si les préfectures ne le commençaient que lorsque tous les tableaux des communes leur seront parvenus.

La première partie de ce tableau, intitulée : *Population par commune*, n'est autre chose que le relevé des récapitulations, qui figurent à la dernière page, de la liste nominative des habitants dressée par les maires.

On suivra l'ordre alphabétique rigoureux, d'abord pour les arrondissements entre eux, puis pour les cantons, dans chaque arrondissement, et enfin, pour les communes, dans chaque canton. Cet ordre est indiqué dans le volume publié par les soins du ministère de l'Intérieur, en 1901, et qui est intitulé : *Dénombrement de la population, 1901*. L'orthographe des noms des communes devra être également respectée, sauf les modifications qui pourront être autorisées. Ainsi que l'a fait connaître la circulaire du 12 décembre 1877, cette orthographe doit être considérée comme officielle et ne peut être modifiée que du consentement de l'autorité supérieure, sur le vu de documents justificatifs.

On fera des totaux partiels par canton, sans faire de totaux au bas des pages, ni de reports de page en page. Les communes divisées en plusieurs cantons figureront au nombre des communes de ces cantons pour la portion de la population afférente à chacun d'eux. On fera mention de cette circonstance dans la colonne des observations.

Un cadre spécial (page 9 du modèle) est réservé aux communes divisées en plusieurs cantons; on y portera le chiffre de la population totale, qui figure par fractions dans le tableau précédent.

La récapitulation par canton (pages 10 et 11 du modèle) consiste dans le report des totaux partiels qui ont été compris dans le tableau général. Dans cette partie, comme dans l'autre, on observera l'ordre alphabétique rigoureux entre les arrondissements, et ensuite entre les cantons, dans chaque arrondissement.

Des totaux seront faits par arrondissement et reportés dans la quatrième partie du tableau (page 12 du modèle), intitulée : *Récapitulation par arrondissement*.

Dès que le tableau général sera complété, le préfet devra en adresser une expédition au ministère de l'Intérieur, qui le contrôlera et fera connaître le résultat de cette vérification. Il sera bon d'attendre cette communication pour faire l'expédition destinée à rester dans les archives de la préfecture, afin de profiter, pour la correction de cette seconde expédition, du résultat de la vérification de la première.

Copies destinées à l'impression. (Mod. n° 10).

Lorsque le tableau vérifié aura été renvoyé à la préfecture, celle-ci fera établir sur les cadres n° 10 (A, B, C) les copies destinées à l'impression du volume du dénombrement.

Pour le cadre A (tableau de la population par département, arrondissements et cantons), on prendra les chiffres qui figurent dans la colonne n° 8 de l'état n° 9 (population par commune), c'est-à-dire la population municipale, plus les populations comptées à part.

Pour le cadre B, on inscrira dans la 2ᵉ colonne (population totale) la même population (population municipale, plus les populations comptées à part); dans la 3ᵉ colonne, la population comptée à part, conformément à l'article 2 du décret du 30 décembre 1905 (colonne n° 7 de l'état n° 9); dans la 4ᵉ colonne, la population municipale totale (colonne n° 6 de l'état n° 9), et dans la 5ᵉ, la population agglomérée au chef-lieu (colonne n° 4 de l'état n° 9).

Pour le cadre C (tableau des sections de commune non chefs-lieux ayant au moins 1,000 habitants de population agglomérée), on dépouillera les listes nominatives des communes et l'on portera seulement les communes dont une ou plusieurs sections ont, en dehors du chef-lieu (2ᵉ partie du tableau A placé au dos de la liste nominative) un chiffre de population agglomérée au moins égal à 1,000 habitants (voir page 14 de l'Instruction).

Pour tous ces états de population, il faut prendre comme base la liste nominative des habitants de la commune, complétée, pour les cadres A et B, par les populations comptées à part.

Les cadres A, B et C, destinés à l'impression, ne devront être remplis que sur recto.

Les états mentionnés ci-dessus devront être fournis au ministre de l'Intérieur (Direction de l'administration départementale et communale, 1er bureau) dans les délais indiqués plus loin.

2° *Bulletins et pièces à fournir au ministère du Commerce, de l'Industrie, des Postes et des Télégraphes (Service du Recensement).*

Le préfet, à la réception des bulletins, des mémoranda et des reçus (mod. n° 11 B), des états d'opérations (mod. n° 11 A) et des bordereaux (mod. n° 12 A), s'assurera que toutes les opérations ont été correctement exécutées. S'il constate des irrégularités, il retournera à la commune d'où ils émanent les paquets de bulletins ou les pièces à rectifier. Si une commune n'a pas envoyé à toutes les communes voisines les bulletins qui les concernent, le préfet pourra adresser, à chacune des communes auxquelles l'envoi n'a pas été encore fait, le paquet des bulletins relatifs aux établissements situés sur son territoire, lorsque la commune destinataire n'aura pas encore transmis ses bulletins à la préfecture. Dans le cas contraire, le préfet, joindra au bordereau d'expédition à Paris une note indiquant pourquoi l'intercalation n'a pu être faite.

Voici les points sur lesquels portera la vérification :

S'assurer que le nombre de paquets est bien conforme aux indications portées sur le bordereau ; de même pour la spécification des reçus et des mémoranda.

Vérifier l'état d'opérations, voir si les comptages sont exacts, si les chiffres sont d'accord avec ceux du bordereau, et si le total indiqué des bulletins recueillis est conforme aux résultats connus d'autre part (mod, n° 6).

S'assurer sur un certain nombre de paquets, pris au hasard, que le nombre des bulletins est conforme à l'inscription, que les bulletins sont bien remplis, qu'ils sont bien classés par établissement.

Cela fait, les employés de la préfecture reconstitueront les paquets défaits, les ficelleront et remplaceront l'ancienne bande par une nouvelle scellée au cachet de la préfecture et portant les inscriptions prescrites.

Lorsque le préfet aura reconnu que les opérations ont été régulièrement exécutées, il fera classer les paquets de bulletins par arrondissement et, dans chaque arrondissement, par commune expéditrice. Il classera à part les bulletins relatifs à des communes autres que les communes expéditrices, ainsi les états d'opérations modèle n° 11 A, les reçus modèle n° 11 B, les bordereaux modèle n° 12 A et les carnets de prévision.

Il ajoutera aux paquets de bulletins un exemplaire de l'annuaire commercial du département, s'il en existe un.

Le tout sera expédié dans des caisses fermées par petite vitesse, *franco de port*, à l'adresse suivante :

Monsieur le ministre du Commerce et de l'Industrie, des Postes et des Télégraphes,

SERVICE DU RECENSEMENT.

97, Quai d'Orsay, à Paris (VII°).

En même temps, le bordereau modèle n° 12 B et l'avis d'expédition seront envoyés par la poste.

Le préfet y joindra un rapport sommaire résumant les observations des maires sur la manière dont ont été conduites les opérations du recensement et faisant connaître son appréciation personnelle.

Il indiquera :

1° Les employés de préfecture, de sous-préfecture et des administrations municipales des villes comptant plus de 50,000 habitants qu'il propose pour une gratification ou une distinction honorifique, en précisant les services rendus par chacun d'eux au cours des opérations du recensement ;

2° Les agents locaux qui, parmi ceux proposés par les maires, paraissent devoir mériter plus particulièrement une distinction honorifique (médaille, lettre de félicitation).

On tiendra compte, à la fois, de la manière dont les bulletins sont remplis, de l'ordre avec lequel ils sont classés, conformément aux instructions, et de la rapidité avec laquelle ils auront été centralisés.

Rien ne doit être envoyé d'un département avant que les résultats du département ne soient complets.

Délais dans lesquels les opérations doivent être faites.

Les instructions que les préfets auront à rédiger, les cadres qu'ils auront à faire imprimer, les formules de carnet de prévision devront parvenir aux maires le 1er février. *Travaux des mairies*

Les formules de bulletins individuels (modèle n° 1), de feuilles de ménage (modèle n° 2), d'états récapitulatifs pour les catégories de population comptées à part (modèle n° 3), de bordereaux de maison (modèle n° 4) devront être distribuées le 2 mars au plus tard.

Ces diverses formules seront reprises et complétées par les agents recenseurs au plus tard le 7 mars.

L'état récapitulatif sommaire de la population de la commune recensée le 4 mars (modèle n° 6) sera envoyé à la préfecture le 15 mars au plus tard.

La liste nominative des habitants de la commune (modèle n° 8) devra être envoyée à la préfecture le 1er avril.

Les bulletins individuels, les feuilles de ménage et les bordereaux de maison devront être classés et transmis à la préfecture le 1er mai accompagnés de l'état d'opération modèle 11 A, des pièces modèle 11 B, des carnets de prévision modèle 5 A, des feuilles de contrôle modèle 5 B et du bordereau modèle 12 A.

L'état récapitulatif sommaire de la population du département recensée le 4 mars (modèle n° 7) sera adressé au ministère de l'Intérieur le 1er avril au plus tard. Mais les préfets sont invités à presser le plus rapidement possible l'envoi de cet état et à adresser au ministère, dès qu'ils les auront recueillis, les renseignements qu'ils possèderaient sur les résultats du recensement, surtout en ce qui concerne les agglomérations importantes de population. *Travaux de la Préfecture.*

Le tableau de la population par département (modèle n° 9) devra être adressé au ministère le 1er mai.

Les bulletins individuels de ménage et de maison, les carnets de prévision, les feuilles de contrôle, les reçus fournis par les communes, les états d'opérations et les bordereaux modèle 12 A, les bordereaux modèle 12 B, devront être transmis, au ministère du Commerce, de l'Industrie, des Postes et des Télégraphes (Service du recensement), 97, Quai d'Orsay, à Paris (VII°), avant le 1er juin.

Enfin les copies destinées à l'impression du volume du dénombrement (modèles n° 10 A, B, C) devront être établies par les préfectures dès que l'état de la population du département (modèle n° 9) aura été envoyé, révisé, à la préfecture, par le ministère de l'Intérieur.

Les préfets veilleront à ce que ces dates soient respectées. Ils ne négligeront d'ailleurs aucun moyen de faire ressortir aux yeux des populations l'importance d'une opération qui touche directement à leurs intérêts, et que le Gouvernement s'est attaché à simplifier autant que possible.

DÉCRET

Le Président de la République française,

Sur le rapport du ministre de l'Intérieur.

Vu les articles 1 et 2 de la loi du 22 juillet 1791 ;

Vu, en ce qui concerne l'application de l'impôt direct, les lois des 21 avril 1832, 4 août 1844, 15 juillet 1880, 30 novembre 1894 et 19 avril 1905 ;

Vu les lois des 22 décembre 1879, 13 avril 1898, article 3, 11 juillet 1899, article 4 et 13 juillet 1900, article 5, en ce qui concerne la contribution sur les voitures, chevaux, mules et mulets et les voitures automobiles ;

Vu l'article 8 de la loi du 16 septembre 1871 relatif à la taxe sur les billards ;

Vu les articles 4 de la loi du 29 décembre 1897 et du décret du 16 juin 1898 relatifs aux licences municipales ;

Vu, en ce qui concerne l'application de l'impôt in-
direct, les lois des 28 avril 1816, 25 juin 1841, 26
mars 1872, 30 et 31 décembre 1873, 22 décembre 1878,
19 juillet 1880, 6 avril 1897, 29 décembre 1897 et
29 décembre 1900 ;

Vu la loi du 13 février 1889 sur l'élection des députés;

Vu la loi du 5 avril 1884 sur l'organisation municipale

Vu la loi du 22 juin 1833 sur l'organisation des
conseils d'arrondissement ;

Vu les lois des 30 octobre 1886, 19 juillet 1889 et
25 juillet 1893 relatives à l'enseignement primaire, et
les règlements d'administration publique des 31 janvier 1890 et 31 décembre 1902 sur les indemnités de
résidence des instituteurs ;

Vu la loi du 30 août 1883 sur la réforme de l'organisation judiciaire et la loi du 12 juillet 1905, en ce
qui concerne la réorganisation des justices de paix ;

Vu le décret du 12 février 1870 portant fixation du
tarif général des octrois ;

Vu l'avis du Conseil d'État du 23 novembre 1842 ;

Vu le décret du 31 décembre 1901 déc'arant seuls
authentiques, à partir du 1er janvier 1902, les tableaux
de la population dressés officiellement en exécution
du décret du 20 janvier 1901 ;

DÉCRÊTE :

ARTICLE PREMIER

Il sera procédé, le 4 du mois de mars 1906, au dénombrement de la population par les soins des maires.

ART. 2

Ne compteront pas dans le chiffre de la population
servant de base à l'assiette de l'impôt et à l'application des lois d'organisation municipale les catégories
suivantes :

Corps de troupe de terre et de mer ;

Maisons centrales de force et de correction ;

Maisons d'éducation correctionnelle et colonies agricoles de jeunes détenus ;

Maisons d'arrêt, de justice et de correction ;

Dépôts de mendicité ;

Asiles d'aliénés ;

Hospices ;

Lycées et collèges communaux et écoles normales primaires ;

Écoles spéciales ;

Séminaires ;

Maisons d'éducation et écoles avec pensionnat ;

Communautés religieuses ;

Ouvriers étrangers à la commune, occupés aux chantiers temporaires de travaux publics.

Art. 3

Le ministre de l'Intérieur, le ministre des Finances et le ministre du Commerce, de l'Industrie, des Postes et des Télégraphes, sont chargés chacun en ce qui le concerne, de l'exécution du présent décret, qui sera inséré au *Bulletin des Lois.*

Fait à Paris, le 30 décembre 1905.

ÉMILE LOUBET.

Par le Président de la République:

Le Ministre de l'Intérieur,

F. DUBIEF.

Avignon. — Imprimerie E. MILLO, rue Carreterie, 74.

www.ingramcontent.com/pod-product-compliance
Lightning Source LLC
Chambersburg PA
CBHW070757210326
41520CB00016B/4729